Bibliografische Information der Deutschen Nationalbibliothek:

Die Deutsche Bibliothek verzeichnet diese Publikation in der Deutschen National-
bibliografie; detaillierte bibliografische Daten sind im Internet über http://dnb.d-
nb.de/ abrufbar.

Impressum:

Copyright © 2008 GRIN Verlag, Open Publishing GmbH
Druck und Bindung: Books on Demand GmbH, Norderstedt Germany
ISBN: 9783640616497

Dieses Buch bei GRIN:

http://www.grin.com/de/e-book/150430/versuchsprotokoll-zum-pflanzenphysiolo-
gischen-praktikum-duennschichtchromatographie

Christoph Böhm

Versuchsprotokoll zum pflanzenphysiologischen Praktikum "Dünnschichtchromatographie"

GRIN Verlag

Johannes Gutenberg-Universität Mainz

Biologisches Institut

Pflanzenphysiologische Übungen

Protokollant: Christoph Böhm

Versuchsprotokoll
Versuch V4 „Dünnschichtchromatographie"

1. Einleitung

Die in diesen Versuchen verwendete Dünnschichtchromatographie eignet sich zur Identifikation von Aminosäuren. Dabei wird ausgenutzt, dass die verschiedenen Aminosäuren unterschiedliche Polaritäten aufweisen, die eine Differenzierung mit Hilfe eines geeigneten Laufmittels erlaubt. Wir verwenden eine polare Stationäre Phase, sowie eine polare mobile Phase. Daher erwarten wir, dass polare Aminosäuren weiter wandern werden, als unpolare.

Der Blutungssaft von Pflanzen enthält unter anderem auch Aminosäuren. Diese können mit Hilfe der Dünnschichtchromatographie nachgewiesen und unterschieden werden.

2. Durchführung
V 4a Dünnschichtchromatographische Bestimmung von
Aminosäuren im Blutungssaft von Mais

1. Material und Methode

Einige Tage vor Versuchsbeginn wurden die zwei Platten mit der Cellulose bestrichen und getrocknet. Am Versuchstag selbst wurden noch die Startpunkte markiert und die Linie I – I' aufgezeichnet.

Zunächst wurde eine Auswahl an Aminosäuren auf Platte I aufgetragen, sowie ein unbekanntes Gemische unbekannter Zusammensetzung an Aminosäuren.

Bei unserem Gemisch handelte es sich um Gemisch 6. Die einzelnen Positionen sind in Tab. 1 dargestellt.

Zur Gewinnung des Blutungssaftes wurden die Sprosse einer ca. 10cm großen Maispflanze 2cm oberhalb des Bodens dekaptiert. Anschließend wurde die Topfkultur in eine feuchte Kammer gestellt. Nach kurzer Zeit trat der Blutungssaft aus den Stümpfen aus und wurde mit einer Mikropipette abgenommen. Der Blutungssaft wurde, zusammen mit den Vergleichsaminosäuren, auf die jeweiligen Startpunkte (siehe Tab. 2) aufgetragen. Nach dem Auftragen wurden die Platten in die Kammern mit Laufmittel eingestellt und nach 2 Stunden trockengeföhnt. Anschließend wurde die Platten mit 0,3%iger Ninhydrinlösung besprüht und in einem Trockenschrank bei 105° C getrocknet.

2. Ergebnisse

Tab. 1

Startpunkt	Substanz	Banden [cm]	R_f-Werte
1	Gemisch 6	9,2; 13,5; 2;	0,64; 0,96; 0,14
2	Alanin (Ala)	9	0,64
3	Glutamin (Gln)	9,5	0,68
4	Glycin (Gly)	5	0,36
5	Glutaminsäure (Glu)	3	0,21
6	Gemisch 6	8,5; 13; 2;	0,61; 0,92; 0,14
7	Isoleucin (Ile)	13	0,93
8	Asparaginsäure (Asp)	4,2	0,3
9	Threonin (Thr)	5,5	0,39
10	Asparagin (Asn)	2	0,14
11	Gemisch 6	8,5; 13; 2;	0,61; 0,93; 0,14

Laufmittelfront: 14cm

Tab. 2

Startpunkt	Substanz	Banden [cm]	R_f-Werte

1	2μl Blutungssaft	4; 9; 11; 11; 8	0,29; 0,64 ;0,79 ; 0,84
2	4μl Blutungssaft	4 ; 9 ; 10,5 ; 11,8	0,29 ; 0,64 ; 0,75 ; 0,84
3	Alanin	8,5	0,61
4	Glutaminsäure	6,5	0,46
5	2μl Blutungssaft	4 ; 9 ; 10,8 ; 11,7	0,29 ; 0,64 ; 0,77 ; 0,84
6	4μl Blutungssaft	4,2 ; 6,5 ; 8,5 ; 10,5 ; 11,7	0,3 ; 0,46 ; 0,60 ; 0,75 ; 0,84
7	8μl Blutungssaft	4 ; 6,5 ; 8,5 ; 10,5 ; 11,7	0,29 ; 0,46 ; 0,6 ;0,75 ; 0,84
8	Leucin	10,5	0,75
9	Threonin	6	0,43
10	Valin	9,5	0,68
11	8μl Blutungssaft	4 ; 6,5 ; 8,5 ; 10,5 ; 11,5	0,29 ; 0,75

Laufmittelfront: 14cm

Berechnung des R_f-Wert:

R_f-Wert = Enfernung der Substanz vom Start / Entfernung der Laufmittelfront vom Start

Bsp.: Alanin: 8,5cm / 14cm = <u>0,61</u>

3. Diskussion

Aus den Werten aus Tab. 1 erkennt man, dass Gemisch 6 Alanin, Isoleucin sowie Asparagin enthalten haben muss.

Allerdings ist nicht ganz nachvollziehbar, welche Aminosäure polar ist und welche nicht. Dem Laufmittel zu urteilen, sollten polare Aminosäuren weiter gezogen werden, als unpolare. Vielleicht noch kleine Aminosäuren weiter als Größere, Verzweigte. Diese Logik wird aus den Werten jedoch nicht ersichtlich. Isoleucin als unpolare und ungeladene Aminosäure mit Seitenketten wanderte mit einem R_f-Wert von 0,93 am weitesten. Asparagin als eine sehr polare Amisäure hingegen wanderte mit einem R_f-Wert von 0,14 am wenigsten weit. Aus den Werten ergibt sich sogar die Tendenz, dass unpolare Aminosäuren wie Alanin und Isoleucin am weitesten wanderten und polare wie Asparagin und Threonin nur wenig bis mittelmäßg wanderten. Glutamin würde wiederum aus dieser Tendenz rausfallen, da es mit einem R_f-Wert 0,68 relativ weit wanderte.

Wie auch immer sich die Polaritäteten gestalten, diese Methode reicht zum Indentifizieren von Aminosäuren in einem unbekannten Gemisch. Zur genaueren Auftrennung von Gemischen stellt die Säulenchromatographie in ihren verschiedenen Versionen mit anschließender massenspektrometrischer oder kernspinresonanzspektroskopische Analyse die weitaus genauere, aber auch teurere Methode dar.

Alle als Vergleichsaminosäuren sind im Blutungssaft vorhanden. Dies sieht man an den übereinstimmenden R_f-Werten.

Anlagen:

Anlage I: Dünnschichtchromatographie Aminosäuren mit Gemisch 6

Anlage II: Dünnschichtchromatographie des Maisextraktes mit Vergleichsaminosäuren

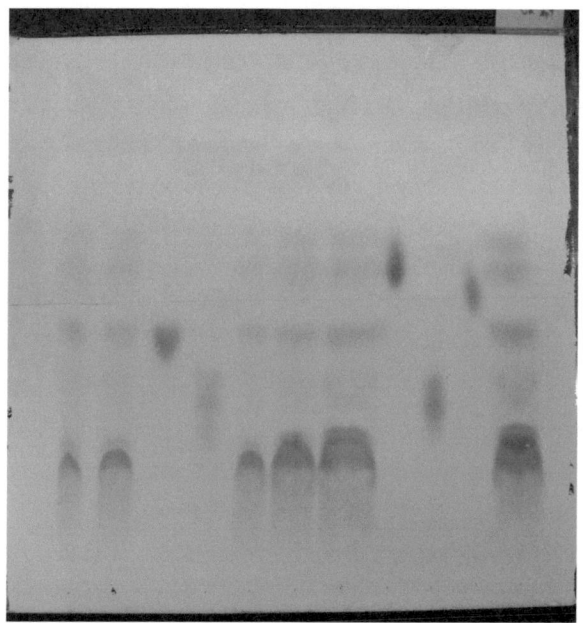

V 4b Photometrische Ascorbinsäurebestimmung

1. Einleitung

Ganz allgemein wird die Photometrie zur Bestimmung unbekannter Konzentrationen von Lösungen eingesetzt. Dabei wird, von einer Lichtquelle im Photometer ausgehend, ein Lichtstrahl der Intensität I_0 in die Lösung, deren Intensität der Färbung für die Konzentrationsbestimmung ausschlaggebend ist, eingestrahlt. Auf dem Weg durch die Lösung nimmt die Intensität des Strahls aufgrund von Wechselwirkungen mit Molekülen ab und zwar umso mehr, je länger der zurückzulegende Weg und die Konzentration der Lösung ist. Hat man die Extinktionen von Lösungen bekannter Konzentrationen bestimmt, kann man anhand der Werte eine Eichgerade erstellen, an der man dann unbekannte Konzentrationen der gleichen Substanzen ablesen kann. Eine Alternative besteht darin, die unbekannten Konzentrationen mithilfe des Lambert-Beer´schen Gesetzes zu bestimmen:

$$E = \lg \times I_0/I \quad \text{bzw.} \quad E = e \times c \times d$$

Im folgenden Versuch wird photometrisch die Konzentration der Ascorbinsäure einer Zitrone bestimmt. Ascorbinsäure stellt beim Menschen als Vitamin C eine wichtige Funktion bei der Kollagensynthese dar, ein großer Mangel an Vitamin C führt zu Skorbut. Für die Pflanzen ist die Ascorbinsäure eine wichtige Redoxsubstanz des Zellstoffwechsels, wodurch sie die Konzentration von Wasserstoffperoxid in der Zelle auf einem niedrigen Niveau hält. Sie kommt in Vakuolen und Chloroplasten vor und zerstört freie Radikale und Oxidantien, die für die Pflanze schädlich sein können.

2. Material und Methode

Als erstes haben wir 200ml Citratpuffer und 50 ml 2,6-Dichlorphenolindophenol (DCPIP) - Lösung nach Anweisung im Skript hergestellt. Zur Herstellung von 50ml Ascorbinsäure-Stammlösung mit einer Konzentration von 0,001 mol/l haben wir folgende Menge an L-Ascorbinsäure (Molekulargewicht 176,13) berechnet:

1000ml → 176,13g/1000 = 0,17613g

1ml   → 0,00017613g

50ml   → 0,00881g = 8,81mg

Anhand von der Stammlösung haben wir dann jeweils 25ml Lösung mit verschiedenen Ascorbinsäurekonzentrationen hergestellt, nämlich 20, 40, 60, 80, 100 µM. Dazu haben wir der Stammlösung folgende Menge entnommen:

1) Herstellung von Lösung mit 20 µM: 25ml/(1mmol/0,02mmol) = 0,5ml
2) Herstellung von Lösung mit 40 µM: 25ml/(1mmol/0,04mmol) = 1ml
3) Herstellung von Lösung mit 60 µM: 25ml/(1mmol/0,06mmol) = 1,5ml
4) Herstellung von Lösung mit 80 µM: 25ml/(1mmol/0,08mmol) = 2ml
5) Herstellung von Lösung mit 100 µM: 25ml/(1mmol/0,1mmol) = 2,5ml

Sowohl die Ascorbinsäure-Stammlösung sowie die Verdünnungen wurden mit Metaphosphorsäure hergestellt, die schon fertig zur Verfügung stand.

Danach haben wir eine Zitrone ausgepresst und 0,5ml filtrierten Zitronensaft in einem 25ml Messkolben mit Metaphosphorsäure bis zur Eichmarke aufgefüllt. Zum Testen, um unsere Lösungen richtig angesetzt worden sind, haben wir 5ml Citratpffer mit 3ml der 100 µM Ascorbinsäure-Lösung gemischt und nach Zugabe von 1ml DCPIP-Lösung die Extinktion bei 578nm gemessen. Da wir einen

Wert von 0,1 erhielten, konnten wir alle Lösungen nach obigem Schema vorbereiten. Nach dem Nullabgleich konnte dann mit der Messung begonnen werden, wobei wir von jeder der fünf Ascorbinsäure-Konzentrationen und vom Zitronensaft drei Messungen, also insgesamt 18, durchgeführt haben.

3. Ergebnisse

Nachdem wir die dunkelblaue DCPIP-Lösung zu den Lösungen aus Citratpuffer und Ascorbinsäure-Lösung dazugegeben haben, haben die zuvor farblosen Lösungen eine violette Farbe angenommen. Wir haben mit dem Photometer folgende Werte für die Konzentration des Zitronensaftes ermittelt: 50,63 µM; 53,53 µM; 54,76 µM.

Die Werte aller Messungen sowie die Regressionsgerade sind in Abb. 1 dargestellt:

4. Diskussion

Wie schon oben erwähnt, dient bei der Photometrie die Färbung einer Lösung zur Bestimmung deren Konzentration. Dringt nämlich weißes Licht durch eine farbige Lösung, wird die spektrale Zusammensetzug des Lichtes aufgrund der verschieden starken Absorption der unterschiedlichen Wellenlängen verändert. Mithilfe des Photometers kann man dann „die bei den einzelnen Wellenlängen unterschiedlich starke Transmission und damit die Absorption einer Lösung messen." (s. Skript „Versuchsgruppe 1: Photosynthese"; Seite 4). Dabei ist die Absorption umso größer, je höher die Konzentration der absorbierenden Substanz ist.

In unserem Versuch wurde als Farblösung das blaue DCPIP verwendet. Das DCPIP hat nach Zugabe zu der Lösung aus Citratpuffer und Ascorbinsäure-Lösung die Ascorbinsäure zur Dehydroascorbinsäure oxidiert, wobei es selbst zur farblosen Leukoform reduziert worden ist. Die Extinktionen der einzelnen Lösungen wurden immer genau eine Minute nach Zugabe des DCPIP gemessen. In dieser einen Minute wurde das DCPIP von der Ascorbinsäure reduziert, es ist also eine messbare Entfärbung der Lösung eingetreten. Nach der Minute wurde der Gehalt des nicht reduzierten DCPIP dann photometrisch bestimmt. Anhand der verschiedenen Extinktionen wurde dann am Ende eine Regressionsgerade erstellt. An dieser kann man erkennen, dass die Extinktionen bei hohen Konzentrationen der Ascorbinsäure-Lösung niedriger sind als bei solchen mit niedriger Konzentration. Demnach muss das DCPIP umso stärker reduziert worden sein, je höher die Konzentration der

Ascorbinsäure-Lösung war. Anhand der Regressionsgeraden konnte dann mithilfe der drei gemessenen Extinktionen die unbekannte Konzentration des Zitronensaftes ermittelt werden.

Den Ascorbinsäuregehalt von 100ml unverdünntem Zitronensaft in mg kann man nun folgendermaßen berechnen:

Zuerst bildet man den Mittelwert der drei Konzentrationen:

$(50,63 \ \mu M + 53,53 \ \mu M + 54,76 \ \mu M)/3 = 52,97 \ \mu M$

Dann bestimmt man die Konzentration an Ascorbinsäure in 100ml Zitronensaft:

0,5ml Zitronensaft $\rightarrow$ 52,97 µmol in 0,0005l

100ml Zitronensaft $\rightarrow$ 10594 µmol in 0,1l = 0,010594 mol in 0,1l

=> 1 Liter hat die Konzentration 0,10594 mol/l

Jetzt berechnet man $n = c \times V$:

$n = 0,10594 mol/l \times 0,1l = 0,010594 \ mol$

Mit der Formel $m = M \times n$ kann man nun den Ascorbinsäuregehalt in mg berechnen:

$m = 176,13 g/mol \times 0,010594 \ mol = 1,8659 \ g = \underline{1865,9 \ mg}$

3. Literaturverzeichnis

CAMPBELL, N.A. ([6]2003): Biologie. Berlin.

HESS, D.([9]1991): Pflanzenphysiologie.

MUNK, K. (2001): Grundstudium Biologie: Botanik. Heidelberg und Berlin.

NULTSCH, W. ([11]2001): Allgemeine Botanik, Stuttgart.

OREAR, J. (1979): Physik. München.

VOLLMER, W. et al ([2]1995): Natura. Stuttgart.